ÉTUDE GÉNÉRALE

SUR LES VARIATIONS PHYSIOLOGIQUES

DES

GAZ DU SANG

ÉTUDE GÉNÉRALE

SUR LES

VARIATIONS PHYSIOLOGIQUES

DES

GAZ DU SANG

PAR

Georges NOEL,

Docteur en médecine de la Faculté de Paris,
Ancien interne provisoire des hôpitaux,
Préparateur à l'Ecole pratique des Hautes Etudes du cours de Médecine,
Expérimentale du Collége de France.

PARIS
V. A. DELAHAYE ET Cᵉ, LIBRAIRES ÉDITEURS,
PLACE DE L'ÉCOLE-DE-MÉDECINE.

1876

ÉTUDE GÉNÉRALE

SUR

LES VARIATIONS PHYSIOLOGIQUES

DES

GAZ DU SANG

INTRODUCTION

Tous les liquides en présence de l'atmosphère, soit d'une façon immédiate, soit au travers d'une mince membrane organisée, renferment des gaz, le sang ne fait pas exception à cette loi. Ces gaz sont ceux que contient l'air, c'est-à-dire l'*oxygène*, l'*azote* et l'*acide carbonique*; mais ils présentent dans leurs proportions relatives des variations incessantes, qui paraitraient paradoxales, si on cherchait à les expliquer au moyen des lois de Dalton, sur le mélange des gaz et des liquides : c'est qu'en effet, s'il s'effectue un échange rapide, continu, entre l'air extérieur, et l'*atmosphère intérieure* du sang, les gaz qui constituent cette dernière, y subissent des modifications chimiques, et sont retenus, non pas seulement à l'état de dissolution, mais aussi à l'état de combinaisons. Ces combinaisons elles-mêmes, par leur mode, mesurent l'activité fonctionnelle de nos organes, toujours en rapport nécessaire avec les phénomènes d'oxydation, dont les éléments anatomiques sont le siége.

L'étude des gaz du sang n'est donc point une simple curiosité scientifique : c'est l'examen d'un problème essentiellement physiologique, dont la solution complète, doit jeter une vive clarté sur les fonctions de l'organisme, dans leurs rapports avec l'hématose.

Comme la plupart des travaux écrits sur ce sujet sont disséminés sous forme de monographies, qu'il n'est pas loisible de réunir à un moment donné; nous avons cru utile de rassembler, sous une forme un peu plus didactique, lesconclusions des expérimentateurs, de façon à présenter ainsi une étude d'ensemble sur les gaz du sang, non pas complète, à beauconp près, en ce qui concerne le détail, mais renfermant tous les faits principaux, connus jusqu'à ce jour.

La valeur des recherches récentes, étant liée d'une façon intime au perfectionnement des procédés employés aujourd'hui, nous indiquerons tout d'abord les différentes phases qui ont précédé les méthodes actuelles à la fois si simples et si exactes.

Nous donnerons ensuite, en les coordonnant, un aperçu des principaux faits relatifs à la présence de l'oxygène, de l'acide carbonique et de l'azote dans le sang; puis, nous terminerons en rapportant quelques expériences personnelles relatives aux trois points suivants :

1° Rôle de l'azote dans le sang.

2° Mécanisme de la dissociation des bicarbonates alcalins du sang.

2° Diminution du volume gazeux brut, parallèlement à l'abaissement de température, dû à l'immobilité.

Ces expériences ont toutes été faites au laboratoire de physiologie du Muséum d'histoire naturelle, — c'est donc un devoir pour nous de remercier ici publiquement M. le professeur Cl. Bernard, et de lui donner ainsi un faible gage de notre profonde reconnaissance.

Mais avant d'exposer une branche de la science, à laquelle tant de physiologistes ont apporté leur tribut, nous croyons utile de retracer à grands traits l'histoire de cette question.

L'existence des gaz du sang a été tout d'abord signalée par Vogel et Brandes, puis par Stevens et Hoffmann, qui vers 1833, avaient obtenu de l'acide carbonique en agitant du sang veineux dans une atmosphère d'hydrogène; mais cette constation resta stérile jusqu'en 1837. A cette époque, Magnus publia ses analyses des gaz contenus dans le sang; ses recherches, d'une précision très-satisfaisante au point de vue chimique, avaient pour résultat de constater la présence de l'acide carbonique en plus grande quantité dans le sang veineux, et de l'oxygène en plus grande proportion dans le sang artériel, d'où il tirait cette conclusion qui réduisait la respiration à un simple échange gazeux, à savoir : que l'acide carbonique dégagé par le poumon, ne provient pas d'une oxydation directe, mais de phénomènes chimiques ayant leur siége dans l'intimité des tissus.

Les chiffres qu'il donnait étaient malheureusement entachés d'une cause d'erreur, tenant à ce que le liquide sanguin restait abandonné à lui-même pendant plusieurs heures dans l'appareil à extraction des gaz, temps qui suffisait bien à la conversion partielle du sang rouge en sang noir.

Gay-Lussac, étonné du peu de différence qu'indiquaient les analyses du physicien de Berlin, contrairement à sa théorie, commença avec Magendie une série de recherches qu'il ne put poursuivre, faute de temps.

Notre illustre maître, M. Claude Bernard, poussa plus loin cette étude, et ayant soumis du sang à des lavages par un courant d'hydrogène, vit que l'acide carbonique déplacé par celui-ci se reproduisait d'une façon à peu près indéfinie ; quelques années après, la découverte de la remarquable propriété de l'oxyde de carbone de déplacer l'oxygène volume à volume, devenait le point de départ d'une nouvelle méthode analytique dont nous indiquerons bientôt la marche.

Plus récemment, Ludwig imaginait un nouveau procédé, d'une grande précision, mais d'une complication qui s'opposa longtemps à son emploi ; ce n'est, que modifié par M. Gréhant qu'il fut introduit dans nos laboratoires où son application devint bientôt générale, grâce à sa simplicité. Il consiste à déplacer les gaz du sang, par le vide de la pompe à mercure, aidé de la chaleur, et présente l'avantage incontestable sur les méthodes antérieures de donner à la fois la teneur du sang en oxygène, en azote, et en acide carbonique, gaz dont l'étude présente souvent autant d'intérêt que celle de l'oxygène.

Grâce aux modifications successives qui ont rendu ces recherches à la fois plus faciles, plus exactes et plus rapides, les travaux se sont multipliés dans cette direction, et, s'ajoutant les uns aux autres, ont fini par constituer un chapitre important de la physiologie moderne.

En raison de l'impossibilité d'énumérer, dans leur ordre chronologique, tous les travaux publiés jusqu'à ce jour, sans indiquer leur nature, ce qui nous entraînerait beaucoup trop loin, nous nous contenterons de donner ,dans un index bibliographique, tout ce qui a trait à l'étude des gaz du sang depuis Magnus. On trouvera en outre, dans le cours de ces notes, à côté de chaque fait particulier, le nom du physiologiste qui l'a mis en lumière; nous éviterons ainsi bien des longueurs, et pourrons condenser sous un très-faible volume, sans nuire à la clarté de l'exposition des connaissances encore peu répandues, bien qu'elles intéressent à la fois et le physiologiste et le clinicien.

CHAPITRE PREMIER.

HISTOIRE DES MÉTHODES ANALYTIQUES.

Nous exposerons les différentes méthodes employées successivement pour l'étude des gaz du sang, dans leur ordre chronologique ; elles consistent à déplacer ces gaz par un gaz inerte ou actif, ou bien par la chaleur, ou enfin par le vide ; nous dirons un mot, en terminant cette longue énumération, sur l'emploi de l'hydrosulfite de soude et du spectroscope.

Dès 1834, reprenant les expériences de Stevens et de Hoffmann, Magnus introduisait dans la science un procédé sérieux permettant de doser l'acide carbonique du sang ; ce liquide, préalablement défibriné et placé dans un vase de verre, était traversé par un courant d'hydrogène ; celui-ci déplaçait l'acide carbonique, qui après s'être desséché, était absorbé dans un tube à boules de Liebig ; on pesait ce dernier avant l'expérience, puis après, mettant simultanément dans le plateau de la balance un tube à chlorure de calcium qui avait recueilli la vapeur d'eau entraînée : la différence de poids représentait évidemment la quantité d'acide carbonique dégagé, qu'on transformait par le calcul en volume.

Voici deux de ces analyses, qu'il est curieux de rapprocher des résultats plus récemment obtenus ; pour faciliter la comparaison, nous les avons ramenées à 100 volumes de sang :

Sang veineux humain, après 6 heures de lavage 24cc.1 et 21cc4,
le même, après 24 heures » 37cc,2 et 39cc,8

la quantité d'acide carbonique obtenue dans le dernier cas, était augmentée de tout le volume de ce gaz, développé spontanément dans le sang.

Trois ans plus tard, le même physicien employait le vide comme moyen d'analyse, jusque-là inconnu, car la raréfaction demandait à être poussée fort loin, ce qui explique comment Gmelin, Mitscherlich et Tiedemann avaient pu nier l'existence d'acide carbonique libre dans le sang veineux.

Il remplissait un vase piriforme de sang défibriné à l'abri de l'air par agitation avec des fragments de verre, puis faisait le vide dans cet appareil, fixé au-dessus d'une cuve à mercure, et représentant un baromètre tronqué, dont la chambre était en partie occupée par le sang, et dont la cuvette se trouvait en rapport avec une machine pneumatique : les gaz se dégageaient dès que la dépression atteignait un pouce de mercure, et surnageaient au sang, on laissait alors remonter le mercure sous l'influence de la pression atmosphérique et on pouvait les recueillir dès que la mousse était en partie tombée.

Ces manœuvres, répétées à plusieurs intervalles pendant trois heures, donnaient un certain volume de gaz qu'on analysait en absorbant l'acide carbonique par la potasse, et en faisant détoner l'oxygène avec l'hydrogène ; le résidu était de l'azote. Magnus fait observer que l'appareil, malgré toutes les précautions prises, contenait toujours un peu d'air, dont il tient compte.

Voici deux de ses résultats rapportés également à 100 volumes de sang :

Sang artériel de cheval :	Acide carbonique . . .	8cc7
	Oxygène.	3.3
	Azote.	1.2
Sang veineux de cheval :	Acide carbonique . . .	7.3
	Oxygène	1.5
	Azote.	2.3
Sang artériel de veau :	Acide carbonique . . .	7.6
	Oxygène	2.8
	Azote.	1.3
Sang veineux de veau :	Acide carbonique . . .	6.6
	Oxygène	1.1
	Azote.	0.8

Ces analyses donnent des différences trop faibles entre le sang artériel et le sang veineux, parce que, comme nous l'avons vu, l'acide carbonique continue à se former aux dépens de l'oxygène pendant toute la durée des manipulations.

Un procédé, un peu plus compliqué, fut introduit plus tard dans ces recherches : il consistait à chasser les gaz du sang par l'ébullition, absolument comme les chimistes chassent les gaz de l'eau pour en faire l'étude.

On adaptait à un ballon à long col, plein d'eau, un tube de gros calibre qu'on pouvait facilement séparer en pinçant un tube de caoutchouc qui les reliait l'un à l'autre ; le tube de verre se fermait par le même mécanisme à son extrémité libre. Après une demi-heure d'ébullition, la vapeur d'eau avait entraîné tout l'air contenu dans l'appareil ; on le fermait, puis on introduisait un volume déterminé de sang avec une petite quantité d'un acide faible, et on soumettait alors le sang, dans le vide cette fois, à l'ébullition.

Après s'être coagulé, il abandonnait rapidement ses gaz ; on séparait du ballon le tube qui les renfermait et on les transvasait dans une cloche graduée où se faisait l'analyse.

Ce procédé, outre l'avantage qu'il avait de donner un volume de gaz double de celui qu'indiquait Magnus, ne permettait pas au sang de s'altérer. Voici le résultat d'une analyse ainsi conduite :

100 c. c. de sang artériel :	Oxygène	14cc29
	Acide carbonique. .	34.75
	Azote	5.04 (Gréhant).

Mais la difficulté de priver l'eau complètement de ses gaz, et ensuite, de s'opposer aux rentrées d'air, empêchèrent sa propagation.

En 1848, M. Claude Bernard, découvrait le mécanisme de l'intoxication par la vapeur de charbon, et se fondant sur le déplacement instantané de l'oxygène du sang par l'oxyde de carbone, inaugurait une nouvelle méthode d'une grande précision et d'une rapidité notable, dont il faisait le sujet d'une communication à l'Académie des sciences, en 1858.

Voici les différentes phases de l'analyse par ce procédé : on aspirait le sang dans une seringue graduée, puis on le faisait passer, à l'aide d'un tube recourbé, dans une cloche à moitié remplie de mercure, et contenant de l'oxyde de carbone pur ; on agitait immédiatement pour défibriner et multiplier les contacts avec le gaz actif.

On renouvelait à plusieurs reprises cette agitation, l'appareil étant maintenu dans une étuve entre 30 et 40° et au bout d'une heure ou deux on pouvait faire l'analyse.

25 centimètres cubes d'oxyde de carbone suffisaient à déplacer tout l'oxygène de 15 centimètres cubes de sang ; un deuxième lavage n'en donnait plus que des traces. — Comme l'oxygène était déplacé volume à volume, le mercure conservait à peu près le même niveau dans l'éprouvette, excepté dans le cas où l'acide carbonique étant très-abondant se dégageait en partie avec peut-être un peu d'azote.

Voici deux analyses par l'oxyde de carbone, de sang recueilli comparativement dans l'artère rénale et dans le ventricule droit ; elles donnent la quantité d'oxygène contenue dans 100 volumes de sang :

Sang artériel. . . .	17cc,44
Sang veineux. . . .	6cc,44

Ce procédé avait sur tous les autres l'avantage immense de saisir le sang brusquement, de le mettre dans l'impossibilité absolue de former de l'acide carbonique et par conséquent de perdre son oxygène.

Plus tard, Ludwig perfectionnait le système de déplacement par le vide, et donnait une méthode très-complexe à l'aide de laquelle Setschenow, Nawrocki et d'autres expérimentateurs firent leurs recherches, mais que sa complication empêcha de passer en France jusqu'au moment où M. Gréhant, par des modifications importantes, en faisait une méthode générale, à la fois simple et pratique et donnant par une seule et même analyse, à la fois l'azote, l'acide carbonique et l'oxygène; elle comporte une grande exactitude, en ce sens que si on porte le sang à une température élevée, comme l'indique M. P. Bert, en maintenant le récipient dans l'eau bouillante, l'acide carbonique est dégagé en totalité, sans qu'on soit forcé d'introduire un acide qui peut amener la production de petites quantités d'acide sulfhydrique ainsi qu'on l'observait tout d'abord; de plus, l'hémoglobine perd immédiatement sa capacité oxygénante, et devient incapable de retenir même des traces d'oxygène qui pourraient se transformer en acide carbonique.

Indiquons, pour terminer tout ce qui a rapport à la présence de l'oxygène dans le sang, deux procédés, l'un d'analyse quantitative de ce gaz, et l'autre, de détermination qualitative, tous deux d'une sensibilité très-grande.

Le titrage de l'oxygène du sang par l'hydrosulfite de soude est dû à MM. Schützenberger et Ch. Rissler; il repose sur la facilité avec laquelle s'oxyde ce sel, et sur la décoloration qu'il fait subir à une dissolution de carmin d'indigo. Le titrage des solutions d'hydrosulfite de soude et d'indigo doit se faire à l'abri de l'air, dans un courant d'hydrogène. Ce premier point obtenu, on fait tomber 5 centimètres cubes de sang dans un liquide obtenu par tâtonnement en décolorant, toujours dans l'hydrogène, l'indigo par l'hydrosulfite, jusqu'à ce qu'il ne renferme plus ni excès d'oxygène, ni excès d'hydrosulfite. On ajoute 50 centimètres cubes de la solution d'hydrosulfite qui s'empare de l'oxygène du sang, et on dose la quantité restante du réactif par le volume de la solution d'indigo qu'elle est encore capable de décolorer, Une petite quantité de kaolin en suspension permet de saisir bien plus facilement les variations de teinte.

Chaque centimètre cube de la dissolution de carmin indiquée par Ritter correspond à 0 cc. 0152 d'oxygène, on arrive par conséquent à des résultats très-précis ; mais la nécessité de titrer la solution d'hydrosulfite avant chaque analyse, à cause de la facilité avec laquelle elle s'altère, s'oppose à la généralisation de cette méthode, qui du reste, ne fait connaître qu'un seul des gaz du sang.

La présence de quantités infiniment petites d'oxygène dans le sang, est décélée par son examen au spectroscope; une goutte de ce liquide, étendue d'eau, présente deux bandes d'absorption qui indiquent l'existence dans le liquide, d'oxygène uni à l'hémoglobine; les agents réducteurs, comme le sulfhydrate d'ammoniaque, font disparaître ce caractère, et l'examen du spectre de l'hémoglobine, ainsi réduite, montre une bande plus large, mais unique, d'absorption (Stockes) qu'on peut dédoubler de nouveau en agitant le sang avec de l'air, ou avec une petite quantité d'acide acétique, à froid.

Le sang qui a subi l'influence de l'oxyde de carbone, soumis aux mêmes conditions, donne deux bandes d'absorption qui occupent de même les limites de l'orangé et du vert, mais que les réducteurs ne peuvent modifier en aucune façon.

Ces caractères, bien qu'empiriques, sont remarquables par leur fixité et résistent même à la putréfaction, aussi longtemps que l'hémoglobine elle-même, ce qui rend leur emploi si fréquent dans les recherches médico-légales.

Si maintenant, nous jetons un coup d'œil d'ensemble sur toutes ces méthodes si diverses, et si nous cherchons à laquelle on doit donner la préférence, nous aurons lieu de pencher vers l'analyse par la pompe à mercure, qui, employée avec les précautions voulues, n'est passible d'aucun des reproches qu'on peut adresser aux autres procédés d'extraction par le vide, et qui de plus donne des analyses complètes, en ce sens que les quantités respectives de l'azote, de l'acide carbonique et de l'oxygène, y sont nécessairement représentées.

C'est en raison de cette préférence que nous avons cherché à modifier encore un peu l'appareil, maintenant devenu classique, dans le but de pouvoir faire porter nos analyses sur de très-faibles quantités de sang, écartant par là les causes d'erreur dues à l'hémorrhagie et permettant de multiplier les expériences sur le même animal, dans une mesure que ne comporte pas l'emploi des procédés actuels.

CHAPITRE II.

MODIFICATION DU PROCÉDÉ CLASSIQUE.

Les principaux changements que nous avons apportés à l'extraction des gaz par la pompe à mercure, ont trait à l'introduction du sang dans le récipient où il doit se dépouiller de ses gaz, et à la construction du réfrigérant : lorsqu'on introduit dans un ballon à très-long col entouré d'un manchon d'eau froide) 10 centimètres cubes de sang, par le robinet à trois voies d'une pompe à gaz, plus d'un tiers du liquide réduit en mousse, sous l'influence du vide, obstrue la cavité correspondant au réfrigérant, sans se laisser entraîner par le mercure qu'on laisse entrer à cet effet, — et reste à la température de + 13 à + 15° c. que maintient le courant d'eau froide. On sait quelle est l'influence de la chaleur sur le dégagement des gaz dissous dans les liquides : le tiers de la quantité de sang, soumis au vide et à froid, se débarrasse très-incomplètement de ses gaz, d'où il résulte une erreur assez grave pour qu'on ne puisse accorder aucune valeur aux résultats fournis par une semblable expérience.

En second lieu, avec l'appareil ordinaire, pourvu d'un bon réfrigérant, on obtient presque toujours, dans la cloche où se fait la lecture du volume des gaz, 1 centimètre cube, quelquefois plus, de liquide. Cette eau dissout à peu près son volume d'acide carbonique à la pression barométrique ordinaire, les variations dues à la température sont, il est vrai, calculées exactement dans les tables dressées par Bunsen (*Méthodes gazométriques*), et il suffirait de rajouter au volume trouvé par l'analyse, la petite quantité de gaz retenue par le liquide. Mais ce procédé est fautif, car le gaz carbonique se dissout très-lentement dans l'eau, et dans une mesure qui varie avec la pression toujours arbitraire des gaz dans la cloche lorsqu'on enfonce celle-ci dans la cuve à analyse pour lui communiquer sa température : les erreurs ainsi obtenues sont bien faibles lorsqu'on évalue le volume dissous dans 1 centimètre cube de liquide en présence d'une masse gazeuse considérable (20 à 30 cc.), mais lorsque le mélange à analyser ne dépasse guère 5 ou 6 centimètres cubes, ou même se trouve réduit à moins, l'écart est considérable.

Tels étaient les plus sérieux obstacles à surmonter; après quelques recherches, nous nous sommes arrêtés à l'appareil suivant, avec lequel il est possible d'opérer sur de très-faibles quantités de sang, en raison de dispositions particulières qui arrêtent la vapeur d'eau, en l'empêchant de distiller dans la pompe à mercure, et qui permettent à la totalité du sang d'être soumise à la température du récipient.

Nous donnons ici une figure qui facilitera notre description : le récipient n'est autre que le ballon à long col classique, mais la direction du réfrigérant est à peu près verticale et à la partie supérieure existe une tubulure dans laquelle se fixe, au moyen d'un bouchon de caoutchouc, un réservoir de forme particulière, auquel fait suite un tube de petit calibre plongeant jusqu'au fond du vase. Ce réservoir a l'aspect d'une coupe se continuant avec un cylindre gradué par centimètres cubes et fermé par une clef axile ou par une soupape conique de construction fort simple. Le col du ballon est pourvu d'un réfrigérant, et la tubulure entourée d'une fermeture hydraulique; enfin le réservoir d'introduction doit être à moitié rempli d'huile qui s'oppose à la rentrée de l'air lorsque tout le sang a pénétré dans le ballon : entre le réfrigérant et la pompe a mercure se trouve un petit flacon de Woolf, plongé dans l'eau et contenant de l'acide sulfurique, qui arrête les portions de vapeur non encore condensées.

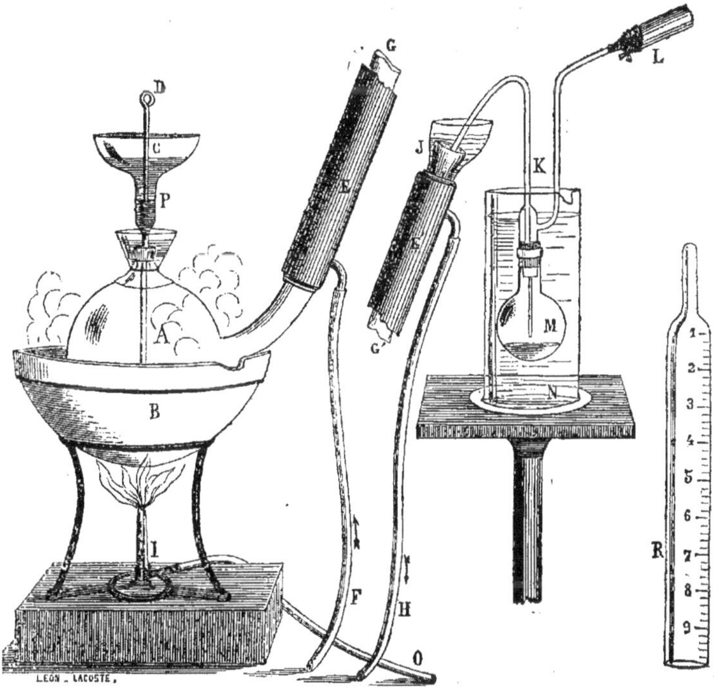

Récipient et bain-marie : A, ballon tubulé ; — B. bain-marie; — C, entonnoir pourvu d'une graduation P, et dans lequel le sang est recouvert d'huile; — D, soupape conique formée d'une baguette de verre effilée, revêtue d'un segment de tube caoutchouc; — E, réfrigérant; F, arrivée du courant d'eau froide; — G, col du ballon; — O, arrivée du gaz; — I, bec de Bunsen.

Dessicateur : E', G' comme E et G ; — H, départ de l'eau du réfrigérant; — J, fermeture hydraulique; — K, tube de Woolf; — L, tube de caoutchouc allant à la pompe à gaz; — M, acide sulfurique ; — N, éprouvette remplie d'eau ; — R, cloche à analyse présentant deux diamètres.

Le choix de l'huile est loin d'être arbitraire, car on s'expose souvent à en laisser entrer quelques dixièmes de centimètre cube, qui dégagent des gaz; nous avons fait un examen comparatif de nombreux échantillons d'huiles du commerce, et nous transcrivons ici quelques-uns de nos résultats pour montrer combien il faut avoir soin d'examiner toutes les conditions dans lesquelles on se place, en un mot l'utilité de faire le déterminisme de chaque procédé.

Toutes les huiles, qu'elles soient tirées du règne animal, végétal ou minéral, dissolvent dans des proportions variables les éléments de l'air, de plus, sous l'influence de la radiation solaire, elles s'oxydent et de nouvelles combinaisons gazeuses s'y développent : nous n'insisterons pas plus longuement sur ce point qui est l'objet d'une étude particulière que nous n'avons point encore terminée, et nous nous bornerons à présenter un tableau qui exprime la teneur en oxygène, acide carbonique et gaz inabsorbable (azote, carbures d'hydrogène...) de 100 centimètres cubes d'huile; toutes ces analyses sont réduites par le calcul à la température de 0° et à la pression normale de 760 m.m. de mercure. Nous les faisons suivre d'une analyse d'eau de Seine, par M. Péligot, qui montre que la propriété dissolvante des huiles pour les gaz est souvent supérieure à celle de l'eau, ce qui est assez contraire aux opinions généralement admises.

GAZ CONTENUS DANS 100 CENTIMÈTRES CUBES D'HUILE

Pétrole.

Volume total des gaz.	24cc24
Acide carbonique. . .	0.45
Oxygène.	5.49
Gaz inabsorbables. . .	18.30

Essence de térébenthine.

Volume total des gaz.	14cc55
Acide carbonique. . .	0.20
Oxygène.	3.25
Gaz inabsorbables. . .	11.10

Huile à machines.

Volume total des gaz.	10cc27
Acide carbonique. . .	0.93
Oxygène.	0.70
Gaz inabsorbables. . .	8.64

Huile d'œillette.

Volume total des gaz.	9cc25
Acide carbonique. . .	2.30
Oxygène.	1.20
Gaz inabsorbables . .	5.75

Huile de colza.

Volume total des gaz.	8cc40
Acide carbonique. . .	0.46
Oxygène.	0.93
Gaz inabsorbables. . .	7.01

Huile de pied de mouton.

Volume total des gaz.	7cc80
Acide carbonique . . .	1.60
Oxygène.	0.20
Gaz inabsorbables . .	6.00

Huile de sésame.

Volume total des gaz.	7cc35
Acide carbonique. . .	2.60
Oxygène.	0.20
Gaz inabsorbables . .	4.55

Huile d'olive.

Volume total des gaz.	6cc90
Acide carbonique. . .	0.45
Oxygène.	0.90
Gaz inabsorbables . .	5.55

Huile de poisson.

Volume total des gaz.	6cc66
Acide carbonique. . .	0.90
Oxygène.	traces
Gaz inabsorbables . .	5.76

Huile de lin.

Volume total des gaz.	5cc26
Acide carbonique. . .	0.60
Oxygène.	0.23
Gaz inabsorbables . .	4.53

Voici enfin une analyse d'eau de Seine, recueillie au mois de janvier, par M. Péligot :

Volume total des gaz.	5cc41
Acide carbonique. . .	2.26
Azote	2.14
Oxygène.	1.01

Il faudrait bien se garder de considérer comme absolus les chiffres que nous donnons ici : ils sont variables, ainsi que nous nous en sommes souvent assurés, suivant la provenance de l'huile ; quoi qu'il en soit, l'huile de lin nous a paru, en dehors de ces variations individuelles, renfermer moins de gaz que les autres, c'est donc elle, que nous emploierons de préférence en faisant remarquer que si 100 centimètres cubes d'huile dégagent environ 5 cc.,3 de gaz, comme il est facile, même sans précaution, de n'en pas laisser passer plus d'un demi-centimètre cube dans le récipient, on n'introduit dans l'appareil que 2 centièmes de centimètre cube de gaz, volume absolument négligeable dans toute analyse.

Ces différentes indications établies, passons au manuel opératoire : on commence par verser dans le réservoir une couche d'huile suffisante pour pouvoir y plonger sans difficulté la canule de la seringue qui sert à l'extraction du sang ; on pourrait même à la rigueur y faire plonger directement l'extrémité d'un tube fixé dans un vaisseau.

Le vide étant fait comme à l'ordinaire, on verse 5 ou 10 centimètres cubes de sang, qu'on évalue sur la graduation que porte la partie cylindrique du réservoir et qui doit avoir été préalablement vérifiée. Si quelque bulle d'air était restée par hasard dans la seringue, elle traverserait immédiatement la couche huileuse.

Alors, sans perdre de temps on soulève légèrement et en tournant, la soupape conique qu'on laisse retomber au moment où la dernière goutte de sang a disparu : lorsque le réservoir a été bien nettoyé et essuyé avec soin, avant l'introduction de l'huile, celle-ci vient régulièrement prendre la place du sang dont pas une goutte n'adhère aux parois. Nous préférons faire arriver ce dernier au fond du ballon pour éviter la production de mousse dans les parties supérieures, car elle pourrait être entraînée vers le réfrigérant.

Le ballon doit être constamment maintenu, dès le début des expériences, comme l'indique M. Bert, dans un vase d'eau en pleine ébullition, pour faciliter le départ des gaz. Quelle est la température du sang dans l'appareil? C'est un point qui ne peut être acquis qu'expérimentalement, et qui dépend de la pression que supporte ce liquide, pression éminemment variable suivant la surface, et la température du réfrigérant : si celui-ci est assez grand, si le courant d'eau froide est bien ménagé, la vapeur d'eau se condense de suite, la pression reste très-faible, et l'évaporation est assez active pour maintenir le sang entre 30 et 38°; si au contraire le réfrigérant fonctionne mal, la pression s'élève dans l'appareil, et avec elle la température ; comme il n'est pas possible de fixer d'avance l'ensemble de toutes les conditions nécessaires pour une température déterminée, le mieux est d'employer toujours le même appareil pour chaque série d'expériences.

L'interposition d'un absorbant hygrométrique ne modifie en rien la marche des opérations qui se font très-rapidement : les gaz se dégagent brusquement, se détendent, et, comme ils sont chassés par la vapeur d'eau, il suffit de cinq ou six manœuvres de la pompe, pour avoir la totalité des gaz contenus dans le sang soumis à l'examen, et cela sans eau condensée dans la cloche graduée, point essentiel comme nous l'avons fait remarquer.

Reste la lecture des volumes : comme la quantité de gaz est très-faible, il est utile de faire les lectures avec une grande précision, et d'employer des cloches qui présentent deux diamètres, on peut alors mesurer à 0 c. c. 05 le résidu gazeux, témoin de l'expérience puisque celle-ci doit être regardée comme incorrecte si l'azote excède 3 c. c. pour 100 c. c. de sang.

L'appareil que nous venons de décrire et qui a servi

aux expériences que nous indiquons plus loin, est facile à démonter, et peut rester en place durant toute une série d'analyses ; lorsqu'on a terminé il suffit de laisser rentrer l'air et de remplir le ballon d'une dissolution aqueuse de potasse qui dissout complètement en quelques heures tout le sang coagulé; l'appareil lavé le lendemain, à l'eau d'abord, puis à l'eau légèrement acidulée, et enfin à l'eau pure, est parfaitement net et prêt à servir de nouveau. Si nous mentionnons un pareil détail, c'est en raison de son importance pratique bien connue de tous ceux qui ont fait des analyses de sang par la pompe à gaz, on évite ainsi une perte de temps considérable (1).

La question de méthode et d'appareil, étant vidée, une fois pour toutes, voyons quels ont été les résultats des expériences des physiologistes sur les variations des gaz du sang ; pour plus de clarté dans l'exposition, nous étudierons ces gaz l'un après l'autre, suivant autant que possible une marche logique, et en parlant de l'azote, nous présenterons quelques notions, suggérées par nos recherches personnelles, et que nous ne croyons pas dépourvues d'intérêt, ne les ayant encore vu discutées dans aucun des ouvrages que nous avons entre les mains.

(1) La seule objection qu'on puisse nous faire serait celle-ci : le sang, au contact de l'huile, ne lui emprunte-t-il ou ne lui cède-t-il rien? — Pour y répondre, nous avons examiné comparativement l'huile, avant, puis après une série d'expériences, sa composition n'avait pas varié, ce qui exclut toute idée d'échanges rapides avec le sang.

CHAPITRE III.

DE L'OXYGÈNE.

L'oxygène existe sous deux états différents dans nos vaisseaux, d'abord, combiné à un principe albuminoïde, qui est l'hémoglobine, et ensuite dissous en petite quantité dans le sérum.

L'hémoglobine, principe défini, cristallisable, renfermant 0,03 de fer, forme les 9/10 du poids des matériaux solides du sang; Hoppe Seyler a montré que cette substance était douée d'un pouvoir absorbant considérable pour l'oxygène dont elle retient plus que son poids : 1 gr. d'hémoglobine fixe au contact de l'air 1 gr. 3 d'oxygène: M. Quinquaud a vérifié l'exactitude de cette proportion qui est, à peu de chose près, la même pour les globules sanguins.

L'oxygène ainsi retenu peut être enlevé par le vide, avec l'aide de la chaleur, ainsi qu'au moyen de la plupart des agents réducteurs (sulfhydrate d'ammoniaque, etc.).

Du fait de cette combinaison, résultent deux conséquences : 1° dans les conditions physiologiques, la quantité d'oxygène absorbée par un même volume de sang est en raison directe du poids des globules frais (hémoglobine) qu'il renferme ; 2° à l'état pathologique, et dans certaines circonstances encore mal connues, ce rapport est détruit, et, de deux choses l'une, ou bien l'hémoglobine perdrait une partie de son pouvoir absorbant, ce qui est peu probable, cette substance étant toujours identique à elle-même, ou bien, et nous penchons vers cette interprétation, les globules perdent, tout en conservant leur forme, une partie de leur hémoglobine et se présentent alors, décolorés, sous le champ du microscope (Légerot).

Quant au volume de l'oxygène retenu par le sérum, il ne dépasse pas 2 ou 3 centimètres cubes pour 100, quantité bien faible si on la compare à celle qu'absorbe l'hémoglobine des hématies.

Pour avoir une idée des circonstances qui tendent à modifier la teneur en oxygène du sang, il est indispensable d'étudier isolément toutes les causes physico-chimiques dont la réunion, dont l'agencement complexe détermine la condition physiologique proprement dite. Elles sont d'ailleurs en partie connues grâce aux remarquables travaux qui, depuis une vingtaine d'années surtout, ont éclairé cette partie si délicate de la physiologie.

Les conditions physiques agissent sur la solubilité de l'oxygène dans le sang et sur les phénomènes d'endosmose qui ont pour siége la surface des alvéoles pulmonaires. La solubilité est modifiée par la nature des principes déjà dissous dans le sang, par sa température propre, et par la pression barométrique.

Les recherches de M. Fernet qui ont trait au pouvoir dissolvant du sérum normal ou artificiel, montrent la progression croissante de la solubilité de l'oxygène avec la quantité des composés albumineux du sang; nous en rapprocherons ce fait indiqué par M. Claude Bernard, que le sucre diminue la capacité oxygénante du sang, tandis que le chlorure de sodium l'augmente. Ces variations, peu marquées, puisque le sérum ne retient que fort peu d'oxygène, sont en outre assez lentes, en raison de la fixité relative de composition du sérum, quant à ses principes salins.

La température du sang a une influence bien autrement considérable, et la quantité d'oxygène, absorbée par le sang artériel, croît ou décroît avec sa chaleur propre, tant que celle-ci reste dans des limites physiologiques (Mathieu et Urbain). Lorsqu'elle vient à atteindre + 45°, les globules rouges perdent brusquement leur affinité pour l'oxygène, et la mort survient par asphyxie ; l'insolation paraîtrait agir de cette façon (Cl. Bernard).

Quant à la pression barométrique, elle exerce une double action, à la fois sur la solubilité de l'oxygène dans le sang, et sur l'activité de l'endosmose pulmonaire. La quantité d'oxygène peut, par la compression, s'accroître progressivement jusqu'à 35 centimètres cubes pour 100, moment auquel éclatent des phénomènes nerveux analogues aux convulsions strychniques, et bientôt suivis de mort ; la dépression agit en sens inverse et l'asphyxie est due au manque d'oxygène (Paul Bert). Ces deux phénomènes, si accentués lorsqu'on soumet les animaux à des variations de pression considérables, n'en subsistent pas moins, bien atténués, il est vrai, pendant les hausses et les baisses accusées par le baromètre, seulement, la complexité des causes qui interviennent pour les exagérer ou les diminuer, ne permet pas de discerner à un moment donné la part qui revient à la pression atmosphérique dans les variations de volume de l'oxygène du sang.

Cette endosmose, qui s'effectue au travers de la paroi des capillaires du poumon, est donc soumise aux lois connues de l'endosmose des gaz au travers des membranes animales, c'est-à-dire qu'elle varie avec la température et la pression atmosphérique, activée par le froid et la compression, elle est ralentie par la chaleur et la dépression.

Si nous passons à l'examen des conditions chimiques, nous trouverons l'affinité si puissante de l'hémoglobine pour l'oxyde de carbone qui déplace l'oxygène de sa combinaison, volume à volume, phénomène qui a été le point de départ de la méthode analytique tracée en 1857 par M. Cl. Bernard.

Nous rapprocherons de ce fait l'action des acides un peu énergiques qui, au contraire, paraissent augmenter la fixité de la combinaison oxygénée de l'hémoglobine (Lothar-Meyer) ; mais en réalité, elle se transforme en hématine par fixation d'oxygène, que ni le vide ni la chaleur ne peuvent déplacer de cette nouvelle combinaison (Mathieu et Urbain).

Mentionnons en dernier lieu les conditions mécaniques, qui elles aussi interviennent, et pour une large part, dans le problème. Tout d'abord, la répartition des globules sanguins est inégale dans le système artériel; cette notion résulte des expériences de MM. Mathieu et Urbain, sur la circulation, dans des tubes diversement ramifiés, de liquides tenant en suspension des particules solides; on a pu la constater directement d'ailleurs par la mesure de la densité du sang qu'on a toujours trouvée plus faible dans les collatérales que dans le tronc principal, et d'autant plus que la collatérale se détachait à angle moins aigu, et présentait un plus faible diamètre : il en résulte que la quantité d'oxygène renfermée dans un volume déterminé de sang peut varier dans des limites très-étroites, il est vrai, suivant les différents points du système artériel où on l'examine.

Ensuite, la rapidité de la circulation dans les alvéoles pulmonaires, peut être assez grande pour que le sang ne reste pas en présence de l'air assez de temps pour absorber la quantité d'oxygène qui lui est nécessaire.

Enfin, l'aération plus ou moins complète n'a pas une moindre importance, et plusieurs expérimentateurs (Gréhant, P. Bert) ont montré que jamais le sang n'est complètement saturé d'oxygène à la pression barométrique, de telle sorte que, par agitation avec l'air, il peut reprendre de trois à sept volumes de ce gaz.

Ces principes physico-chimiques bien établis, nous pouvons examiner les variations physiologiques de l'oxygène dans le sang, variations qui sont sous leur dépendance immédiate. Nous commencerons par l'étude du sang artériel.

1° *Le sang artériel* renferme d'ordinaire, entre 18 et 25 centimètres cubes d'oxygène pour 100, sans en être saturé, avons-nous dit, quantité presque toujours inférieure à celle de l'acide carbonique; c'est aussi le sang qui, comparé au sang veineux, possède le pouvoir absorbant le plus faible.

La composition du sang artériel variant en raison du nombre des globules rouges, dans les différents vaisseaux, le sang de l'artère crurale, moins riche en hématies, que celui de la carotide, renferme un peu moins d'oxygène que ce dernier (Urbain et Mathieu).

La coloration rouge du sang est liée à la combinaison de l'hémoglobine avec l'oxygène, d'où il résulte que deux échantillons de sang renfermant la même quantité d'oxygène, peuvent présenter une coloration différente : le sang qui contient le plus d'hémoglobine est le moins rouge, la quantité d'oxygène qu'il renferme, étant insuffisante pour communiquer à toute l'hémoglobine une coloration rutilante. Et réciproquement, un sang légèrement noirâtre, peut renfermer plus d'oxygène qu'un sang parfaitement rouge, si ce dernier est moins riche en hémoglobine (P. Bert).

Pour éviter des répétitions, nous allons indiquer sous forme d'aphorismes la plupart des conditions physiologiques étudiées jusqu'ici, dans leurs rapports avec les modifications parallèles des gaz du sang.

Rhythme respiratoire. — L'influence du nombre, et surtout de l'amplitude des mouvements respiratoires (Gréhant) sur la quantité d'oxygène contenue dans un volume de sang, peut varier dans des limites assez étendues; voici du reste une expérience très-démonstrative que nous empruntons à M. Paul Bert : « On tire de la carotide d'un chien vigoureux 33 centimètres cubes de sang et l'on en extrait les gaz, ce qui donne pour 100 c. c. de sang à 16° : $O = 17$ c. c., $CO^2 = 43$ c. c. On ouvre la trachée pour y fixer une canule. Les respirations deviennent extraordinairement accélérées ; au bout de 5 ou 6 minutes de ce rhythme, on reprend du sang, il est beaucoup plus rouge et contient : $O = 24$ c.c.,9;

$CO^2 = 16,2$. Mais je le répète, ceci est un extrême; rien de comparable à beaucoup près, ne s'est présenté chez des animaux respirant par les voies naturelles.... .... sans entrer dans aucun détail, je dirai que le chiffre de l'oxygène ne peut guère être altéré de plus d'une unité et celui de l'acide carbonique de plus de deux ou trois unités. » On peut éviter cette cause d'erreur pendant les vivisections, en divisant les deux pneumogastriques : la douleur peut alors être très-vive, sans avoir aucun retentissement sur l'appareil respiratoire dont le rhythme reste toujours identique à lui-même.

Température atmosphérique. — On peut poser en principe, que la quantité d'oxygène que fixent dans leur sang les animaux à température constante, est en raison inverse de la température de l'air; c'est une conséquence directe des lois de l'endosmose gazeuse au travers des membranes animales. Par conséquent, les combustions organiques sont activées en hiver et diminuées en été chez ces animaux. (Mathieu et Urbain).

Température propre. — En faisant varier la température des animaux, dans des limites compatibles avec la vie, on voit qu'à une température moins élevée que la normale, le sang est moins riche en oxygène; à une température supérieure, il est au contraire plus riche, et en effet, il existe une corrélation intime entre l'activité des échanges gazeux et la température du corps, les combustions organiques étant d'autant plus intenses que celle-ci est plus élevée.

Nous avons vérifié ce dernier point dans un certain

nombre d'expériences, que nous rapportons plus loin, mais au lieu de faire varier la température par des moyens artificiels, nous immobilisions simplement les animaux : le thermomètre descendait assez régulièrement, et toujours, dans ces limites étroites, nous avons eu à noter une diminution du volume gazeux brut, portant sur l'oxygène et sur l'acide carbonique, mais surtout sur celui-ci, ce qui montre que les combustions organiques qui entretiennent la chaleur animale, se traduisent plutôt par l'augmentation absolue de l'acide carbonique, que par celle de l'oxygène, en admettant toutefois que le rhythme respiratoire ne subisse aucune modification.

Travail mécanique. — Il s'accompagne toujours d'un accroissement dans la teneur en oxygène, du sang artériel (Urbain et Mathieu).

Anesthésie par le chloroforme. — Au début, l'oxygène peut diminuer légèrement, la respiration est assez fréquente, et la température propre n'a pas encore varié.

Quelques minutes après, on voit le volume de l'oxygène baisser, tout en se maintenant dans des limites très-physiologiques, ce qui tient, d'après MM. Mathieu et Urbain, à un ralentissement de la respiration.

Plus tard enfin, la température propre s'abaisse, le volume gazeux total suit la même marche, et nous croyons que cette diminution dans l'intensité des oxydations intimes, est sous la dépendance de l'immobilité dans laquelle sont maintenus les animaux.

Lorsque la mort survient sous l'influence du chloroforme, administré à doses croissantes, le sang veineux est encore riche en oxygène, ce qui montre bien que la mort ne survient pas ici par asphyxie.

Hémorrhagies. — Les saignées successives amènent une diminution de l'oxygène par un double mécanisme d'abord en agissant sur le nombre des globules rouges du sang, et en second lieu, en diminuant la pression intra-vasculaire (Lothar Meyer). Comme il faut, avant tout, se mettre en garde contre les variations dues au mode respiratoire, la section des pneumogastriques est indispensable (U. et M.).

Digestion. — M. Claude Bernard a signalé une diminution constante de l'oxygène pendant la digestion : il existe une proportionnalité inverse entre ce gaz et l'acide carbonique, pendant les premières heures qui suivent l'ingestion des aliments ; c'est environ quatre heures après le repas que le sang présente son minimum d'oxygène et son maximum d'acide carbonique.

Régime. — L'oxygène diminue sous l'influence d'un régime uniforme.

Jeûne. — Les animaux à jeun fixent plus d'oxygène dans leur sang artériel, et cette proportion reste identique à elle-même pendant vingt-quatre ou même trente-six heures, ce qui rend ces animaux très-propres aux expériences sur les gaz du sang. L'inanition a pour effet de diminuer la quantité absolue d'oxygène (Urbain et Mathieu).

Individualité. — Entre des animaux d'apparence identiques, il existe des différences assez grandes, dans la quantité d'oxygène contenue dans le sang. Chez les tout jeunes chiens, bien portants, on ne trouve guère que 8 à 10 p. 100 d'oxygène, dans le sang artériel (P. Bert), ce qui concorde avec la diminution du nombre des globules rouges pendant la première période de la vie (Robin).

Compression, dépression. — Nous ne pouvons passer sous silence les belles expériences de M. Bert, car les phénomènes si curieux qui résultent des variations de pression, ont leur point de départ dans les modifications de la solubilité de l'oxygène dans le sang, et dans l'activité croissante ou décroissante de l'endosmose pulmonaire. La compression des animaux dans l'air, agit en augmentant la quantité de l'oxygène du sang, qui, peu à peu s'élève, lentement lorsqu'on comprime avec l'air qui ne contient que le cinquième de son volume d'oxygène, rapidement dans ce dernier gaz pur qui, sous une pression de dix atmosphères environ, produit les phénomènes convulsifs dont nous avons déjà parlé.

La dépression agit en sens inverse, et la mort arrive lorsque les hématies n'ont plus une quantité suffisante d'oxygène pour entretenir la vitalité des tissus : dans l'oxygène pur, la dépression peut naturellement être portée beaucoup plus loin que dans l'air.

Influence de la douleur. — Plus ou moins vive, elle détermine par excitation réflexe des pneumogastriques, d'abord un arrêt du cœur, puis bientôt, si l'excitation continue, une accélération de ses battements (Cl. Bernard). La circulation devient plus rapide, et les globules n'ont plus le temps d'absorber dans le poumon leur quantité normale d'oxygène. C'est ce qui explique la divergence momentanée des physiologistes sur la quantité d'oxygène contenu dans le sang, pendant le travail musculaire; les uns ayant examiné le sang d'animaux produisant un travail spontané, les autres ayant provoqué par des excitations sur les nerfs sensibles des contractions musculaires. Dans le premier cas, le volume de l'oxygène était augmenté; dans le deuxième, au contraire, il était diminué, pour les raisons que nous venons de faire connaître. (Urb. et Mathieu.)

De tout ceci résulte ce fait, que la proportion d'oxygène contenue dans un volume donné de sang artériel, est excessivement variable; nous sommes donc forcés de donner, non pas des chiffres approximatifs, mais des points extrêmes entre lesquels se font les oscillations physiologiques; ces deux limites sont 15 et 25 centimètres cubes pour 100 volumes de sang.

L'action de certains produits toxiques ou de diverses influences morbides peut faire descendre l'oxygène bien au-dessous de la limite inférieure que nous venons de lui assigner (Légerot); il en est de même des causes asphyxiques sous l'influence desquelles ce gaz peut disparaitre en totalité.

2°. La proportion d'oxygène contenue dans le *sang veineux* est modifiée par l'état d'activité ou de repos des organes qu'il traverse. M. Cl. Bernard a constaté, à ce point de vue une grande différence entre les tissus dont l'état peut être facilement changé; le sang qui sort d'un muscle en contraction, est noirâtre et contient fort peu d'oxygène; si on vient à sectionner son nerf moteur, la tonicité musculaire est détruite, et le sang qui en sort est rutilant et presque aussi oxygéné qu'à son entrée. Tout semble, au contraire, prouver que dans les glandes les phénomènes d'oxydation et de production de chaleur se passent en deux temps; le sang qui sort d'un organe glandulaire à l'état de repos, est noir et renferme peu d'oxygène; entre-t-il en activité, le sang devient rutilant et se rapproche beaucoup du sang artériel.

On ne peut donc donner aucun chiffre concernant la quantité d'oxygène que renferme le sang veineux au sortir de tel ou tel organe; tout au plus peut-on présenter un aperçu des limites entre lesquelles oscille l'oxygène dans le sang veineux général; ces limites à l'état physiologique sont comprises entre 8 et 12 centimètres cubes pour 100 volumes de sang d'après les analyses de Schœffer, de Ludwig et de Setschenow.

CHAPITRE IV.

DE L'ACIDE CARBONIQUE.

L'acide carbonique existe dans le plasma sanguin à l'état de combinaisons peu stables. La solubilité de ce gaz a été étudiée par M. Fernet qui a montré l'influence qu'exercent certains sels, soit en favorisant soit en ralentissant son absorption : peu manifeste si on cherche à se rendre compte de son action sur l'oxygène, qui est surtout retenu par l'hémoglobine, cette influence est très-marquée pour l'acide carbonique, et principalement au point de vue du rapport qui existe entre l'acide libre, et en solution pure et simple, et l'acide en combinaison. Les chlorures diminuent la solubilité du gaz carbonique, tandis qu'au contraire, il se dissout facilement et en grande proportion dans les solutions de carbonate et de phosphate de soude, formant des bicarbonates et des sels doubles, qu'un acide faible aidé du vide, décompose avec une très-grande facilité, même à froid.

Le sérum peut absorber 47 volumes d'acide chimiquement combiné, et que le battage du sang à l'air ne peut éliminer qu'à la longue.

M. Bert, comparant cette résistance relative du gaz carbonique au battage avec la rapidité excessive de son élimination lorsqu'un animal respire, la trachée ouverte, pense, que du fait de l'accélération des mouvements respiratoires et par un mécanisme encore à étudier, résulte une dissociation des bicarbonates du sang. Voici la reproduction textuelle de ses idées à ce sujet : « la respiration normale, régulière, ne fait qu'enlever, presque certainement, au sang veineux, de l'acide carbonique dissous : la proportion qui reste dans le sang artériel réprésentant presqu'uniquement l'acide carbonique combiné. Mais quand la respiration se fait dans des conditions extraordinaires, il arrive tantôt, que les combinaisons de l'acide carbonique sont dissociées, tantôt au contraire, qu'il reste dans le sang artériel plus ou moins d'acide carbonique dissous. »

Nous avons peine à voir dans l'accélération de la respiration autre chose qu'un accroissement du coefficient de ventilation du poumon, et à comprendre comment, avec une activité moyenne, elle se borne à enlever l'acide carbonique libre tandis qu'avec une activité plus grande, les bicarbonates seraient dissociés : la limite ne peut être aussi nettement tranchée et pour nous, nous serions disposés à regarder la dissociation des bicarbonates comme un fait pouvant appartenir à la respiration, même dans les conditions ordinaires.

Prenant comme point de départ les travaux de Rose sur la dissociation partielle des bicarbonates alcalins par l'hydrogène, nous avons fait quelques recherches pour savoir si réellement l'air avait une action analogue. Voici comment nous agissions : un courant d'air régulier et lent (pour éviter les projections de liquide) était dépouillé dans un tube à boules de Liebig, de son acide carbonique par une solution de potasse, puis passait dans un ballon où il traversait bulle à bulle une dissolution de bicarbonate de soude ; enfin avant de s'échapper, il passait dans un dernier tube à boules contenant de l'eau de baryte.

Au bout de quelques minutes, à froid, la solution de baryte commençait à se troubler, et pour peu qu'on élevât la température à 35 ou 38°, le dégagement d'acide carbonique se manifestait par un abondant précipité de carbonate de baryte.

Par conséquent les bicarbonates alcalins sont des sels très-peu stables, qu'un simple courant d'air dédouble en partie ; et notons bien les conditions défavorables dans lesquelles nous nous étions placés, car un liquide traversé par des bulles d'air se succédant avec lenteur, ne peut être comparé à la masse sanguine, sans cesse renouvelée et si parfaitement ventilée dans le poumon, de telle sorte que, concluant du plus au moins, nous pouvons affirmer que *la dissociation des bicarbonates du sang comme fait de la respiration normale, n'a rien que de vraisemblable*, et est bien plus admissible que l'intervention supposée d'un principe acide qui agirait par double décomposition.

Si maintenant on compare cette action si nette d'un courant gazeux inerte, avec les résultats fournis par le battage du sang à l'air, il faudra tenir compte des nouvelles circonstances qui interviennent, circonstances bien différentes de celles où se trouve le sang dans les capillaires du poumon, où il reste fluide, à une température assez élevée, qui facilite le dégagement de l'acide carbonique des bicarbonates, et enfin sur une surface considérable, tandis que le refroidissement, et la coagulation surtout, ainsi que l'a indiqué Magnus, sont autant de causes qui entravent le dégagement de l'acide carbonique.

L'action des acides faibles sur ces sels peu stables a été utilisée dans les analyses, et on a désigné sous les dénominations d'acide carbonique libre, celui qu'on obtient par le vide seul, et d'acide combiné, celui que chassent après les acides. Cette distinction perd déjà de sa valeur pour les différentes raisons que nous venons d'indiquer et disparaît complètement depuis que M. Bert a montré qu'à une température de 35 à 40° (intérieur de l'appareil), le sang cède tout son acide carbonique au vide seul. D'ailleurs les physiologistes allemands qui lui avaient donné tant d'importance, présentent des résultats qui oscillent entre 0 et 7 centimètres cubes pour 100, ce qui provient de ce qu'ils ne tenaient aucun compte de la température à laquelle était porté le sang, et aussi de ce que les acides faibles agissent non-seulement sur les bicarbonates mais aussi sur les carbonates.

L'influence du rhythme respiratoire sur l'élimination du gaz carbonique, est assez établie par l'expérience que nous avons rapportée plus haut en parlant de l'oxygène, pour que nous croyions nécessaire d'y revenir.

La circulation plus ou moins rapide agit en sens opposé, c'est-à-dire que le sang peut traverser les capillaires du poumon avec assez de rapidité pour n'avoir pas le temps de céder tout son acide carbonique (Mathieu et Urbain).

Le travail musculaire diminue l'acide carbonique contenu dans le sang artériel.

L'immobilité prolongée diminue cette proportion ainsi que le montrent nos expériences, et cela, sans que la quantité d'oxygène paraisse baisser proportionnellement; l'intensité des oxydations intimes se traduisant immédiatement, non pas par une augmentation du chiffre absolu de l'acide carbonique, mais par l'accroissement du rapport $\frac{CO^2}{O}$, entre l'acide carbonique formé et l'oxygène existant préalablement dans le sang.

L'élévation artificielle de température diminue la quantité d'acide carbonique du sang, malgré l'intensité croissante des oxydations, pour deux raisons, d'abord parce que la solubilité de l'oxygène est diminuée, et en second lieu, parce que la respiration est accélérée et entraîne l'acide carbonique au fur et à mesure de sa formation (M. et U).

La pression barométrique exerce sur l'acide carbonique la même influence que sur l'oxygène, quant au sens, mais incomparablement plus faible quant à la mesure, ce qui tient à ce que l'air contient fort peu de gaz carbonique, de sorte que les variations de pression de l'atmosphère carbonique sont à peine sensibles lorsqu'on refoule de l'air dans un récipient.

La digestion agit sur la proportion relative entre l'oxygène et l'acide carbonique, nous avons vu d'ailleurs que c'était environ 4 heures après le repas, que le sang contenait son maximum d'acide carbonique (Cl. Bernard).

Dans le sang veineux, l'acide carbonique est en relation intime avec l'intensité d'action d'un organe musculaire, et en proportion inverse lorsque cet organe est une glande, nous l'avons déjà établi en parlant de l'oxygène dans le sang veineux.

Quelle est la source de l'acide carbonique du sang? Depuis Lavoisier, on croyait à une oxydation directe des produits carbonés du sang par l'oxygène de l'air, ayant pour résultat la formation de l'acide carbonique et de l'eau éliminés par les poumons où ils se formaient directement; plus tard les travaux de Magnus déterminaient le siége véritable de ces oxydations en montrant la richesse du sang artériel en oxygène et du sang veineux en acide carbonique, et les recherches ultérieures de M. Bernard donnaient à ce problème une solution définitive par la comparaison de la température du sang à son entrée et à sa sortie du poumon où il se rafraîchit, au lieu de s'échauffer comme cela aurait lieu, si cet organe était le théâtre des phénomènes chimiques qui entretiennent la chaleur animale.

Il est donc incontestable que l'oxygène fixé sur les globules rouges, devient le point de départ d'oxydations dont le dernier terme est l'acide carbonique : sa formation est indéfinie dans le sang, et ne cesse que lorsque tout l'oxygène a été épuisé.

Mais si les choses se passent de cette façon en dehors de l'organisme, il n'en est pas de même dans les vaisseaux d'un être vivant, la rapidité de la circulation est trop grande pour que l'oxygène ait le temps de se détruire dans le sang pendant son chemin du cœur aux organes, et l'acide carbonique a une autre origine : il est cédé au sang dans les capillaires par les éléments anatomiques (1) qui empruntent en échange de l'oxygène aux hématies : c'est une véritable respiration, un véritable échange interstitiel, qui fait subir au sang, dans les tissus, ce que celui-ci fait éprouver à l'air, dans les alvéoles du poumon.

Entre ces deux phénomènes, d'apparence identiques, n'existe pas toujours une étroite corrélation, car si l'échange gazeux pulmonaire est soumis à des lois physico-chimiques bien établies, l'échange interstitiel est sous la dépendance de l'état d'activité ou de repos des tissus, et aucun lien nécessaire ne relie ces deux ordres

(1) D'après M. Ranvier, le milieu intérieur serait plutôt la lymphe que le sang ; l'échange dont nous parlons se ferait donc par un intermédiaire ; nous n'avions pas à insister sur ce sujet dans notre travail qui a surtout en vue les gaz du sang.

de phénomènes. D'ailleurs les choses ne se passent pas comme dans un foyer où l'oxygène se fixe immédiatement sur le carbone pour former de l'acide carbonique : ici les oxydations sont plus lentes, se font par des procédés différents, et des composés intermédiaires nombreux, expliquent comment les oxydations peuvent s'arrêter en route, pour ainsi dire, fait déjà entrevu par Magnus.

M. P. Bert a reconnu, par de nombreuses expériences directes, que l'absorption de l'oxygène n'a pas pour conséquence immédiate, la formation et la sortie de l'acide carbonique, preuve incontestable de l'existence de cette série intermédiaire entre l'oxydation au début et sa terminaison ultime.

Comme nous l'avons fait pour l'oxygène, nons donnerons les limites physiologiques entre lesquelles peut osciller l'acide carbonique, nous les avons obtenues en comparant de nombreuses analyses, et elles présentent par cela même une certaine valeur : dans le sang artériel, l'acide carbonique varie entre 25 et 35 centimètres cubes pour 100 ; dans le sang veineux, c'est entre 38 et 47 centimètres cubes que se font les variations physiologiques. Mais nous le répétons encore, la plus légère cause d'asphyxie peut changer ces proportions, de même qu'une accélération des mouvements respiratoires ou tout autre circonstance analogue.

CHAPITRE V.

DE L'AZOTE

Le gaz qui existe en quantité la plus faible dans le sang est l'azote, c'est aussi celui sur lequel les recherches ont été les moins nombreuses.

D'après M. Fernet, il existerait, partie en dissolution dans le sérum qui en retiendrait 1 cc. 4 pour 100 c. c. de sang, partie fixé sur les globules.

Quoi qu'il en soit, le sang renferme au plus 3 centimètres cubes de ce gaz; sa solubilité est donc plus grande dans le sang que dans l'eau qui n'en peut absorber que 2 cc. 5 sous la pression ordinaire.

Cette proportion varie très-peu, et si on trouve plus de 3 centimètres cubes pour 100, on peut à coup sûr attribuer l'excédant à une rentrée d'air dans les appareils (Gréhant). De plus, elle n'est pas modifiée par le battage à l'air, ce qui revient à dire que le sang en est saturé.

Enfin, MM. Mathieu et Urbain l'ont presque toujours trouvé mêlé d'une petite quantité d'hydrogène dans le sang veineux.

Quelle est l'origine de l'azote du sang, quel en est le rôle physiologique? telles sont les questions que nous avons cherché à résoudre d'une façon un peu plus affirmative qu'on ne l'avait fait jusqu'ici. Tout le monde est d'accord sur la source de l'azote : il est évidemment emprunté à l'air qui en contient 79 volumes pour 100 ; quelques auteurs affirment qu'il peut s'en former aux dépens des matières azotées, c'est dans tous les cas un fait peu commun.

Le sang contient une certaine quantité de ce gaz pour une raison purement physique : un liquide ne peut être en présence d'un gaz, sous une pression quelconque, sans s'en saturer, quels que soient d'ailleurs la nature et le volume des gaz qu'il peut déjà tenir en dissolution ; or, le sang se trouve en tous points dans de semblables conditions ; continuellement renouvelé dans le poumon en présence de l'azote de l'air, sous une pression de 4[5 d'atmosphère, il ne peut faire autrement que de s'en saturer, ce que d'ailleurs démontre l'expérience.

En raison de son inertie et de son peu d'affinité chimique pour les corps en présence desquels il se trouve, l'azote circule, sans éprouver de modifications chimiques, et le sang artériel devrait en contenir la même proportion que le sang veineux. Mais un fait particulier semblerait devoir s'opposer à une pareille interprétation, Schöffer, Setschenow, et après eux beaucoup d'autres physiologistes, ont constaté une petite diminution d'azote dans le sang veineux, disons tout d'abord qu'elle est très-faible et ne dépasse pas 0 cc. 2 ou 0,3 dixièmes de centimètre cube pour 100 volumes de sang.

Nous avons cherché à nous en rendre compte, et ayant constaté la présence de quantités considérables d'azote dans la bile du réservoir cystique, nous croyons pouvoir regarder comme cause de la disparition de petites quantités d'azote la richesse relative de certains produits de sécrétion ; ces faits demanderaient à être étudiés de plus près, mais l'azote est trop réfractaire aux combinaisons chimiques spontanées pour que nous puissions attribuer sa diminution dans le sang veineux à autre chose qu'à son passage dans d'autres liquides organiques ou à son exhalation dans la cavité du tube intestinal, où il ne peut trouver une pression suffisante d'azote pour le maintenir à son état de saturation dans le sang. Si, en effet, on jette un coup d'œil sur les analyses des gaz de l'intestin faites par Planer, on y trouve ce fait que l'azote ne dépasse pas 54 pour 100, ce qui correspond à peu près à une pression d'une demi-atmosphère, tandis que cette pression dans le poumon, est égale à 4/5 d'atmosphère ; en outre, une semblable proportion d'azote doit avoir une autre source que la déglutition de l'air avec les aliments.

La température du corps, dans les limites physiologiques, ne paraît modifier aucunement la solubilité de l'azote dans le sang, c'était d'ailleurs un fait à prévoir si l'on songe qu'après dix minutes d'ébullition, l'eau renferme encore de petites quantités de ce gaz.

Quant à la pression, elle change ce coefficient de solubilité d'une façon notable; sous des pressions de 15 et 20 atmosphères, le sang se charge de quantités considérables d'azote, qui, en cas de brusque dépression, se dégagent dans le système vasculaire produisant des embolies gazeuses qui peuvent amener la mort ou des phénomènes de paralysie plus ou moins prononcés (Paul Bert).

Nous donnons ci-après, à la suite de chacune de nos expériences, le résumé des circonstances dans lesquelles nous nous étions placés, et l'on peut voir que ni les hémorrhagies, ni l'asphyxie, ni la chloroformisation, n'influent sur le volume d'azote constaté au début de l'expérience.

Cependant il n'est pas douteux que certaines circonstances, en favorisant le développement de gaz dans l'intestin, ou en activant certaines sécrétions, ne puissent amener une diminution réelle de l'azote dans le sang artériel; dans tous les cas, la spoliation d'azote devrait être bien prononcée pour que le sang, après avoir traversé le poumon, n'ait pas repris intégralement ce qu'il avait perdu dans les capillaires de la grande circulation.

Tels sont les principaux faits relatifs à l'azote du sang.

Si nous pouvions regarder comme constante la teneur du sang en azote, pendant une durée de quelques heures, fait que nous avons maintes fois constaté, ce gaz, malgré son intérêt médiocre au point de vue de ses fonctions physiologiques, pourrait, au point de vue pratique, avoir une valeur réelle, à titre de critérium, pour toute série d'analyses répétées dans un court intervalle de temps.

CHAPITRE VI.

EXPÉRIENCES

Les expériences que nous transcrivons ici sont choisies dans un grand nombre, et ont été instituées dans le but d'étudier les variations que subit la somme des gaz du sang, sous l'influence de l'immobilisation et de l'abaissement consécutif de la température, et aussi dans le but de rechercher quel était le rôle de l'azote, pendant les modifications si variées du volume absolu et relatif de l'oxygène et de l'acide carbonique.

Nous avons rapproché les notions acquises par ces recherches des faits connus jusqu'ici, pour les grouper autour d'un corps de doctrine; mais pour les isoler et donner à ce travail quelque chose de personnel, qui le différencie d'une compilation, nous résumons les faits qui ressortent de nos expériences, en une conclusion, qui, peut-être, fait double emploi, mais qui aura l'avantage de guider le lecteur au milieu des détails expérimentaux.

PREMIÈRE EXPÉRIENCE.

4 avril. 1876. Chien loup, en digestion, bien portant, du poids de 13 k. 2. L'animal est soumis à une injection de chlorhydrate de morphine de 0 gr. 10 (vomissements et selles), puis à des inhalations de chloroforme. grâce auxquelles on le maintient dans une immobilité presque absolue, pendant toute la durée des recherches ; le sang, comme du reste dans les autres expériences, est pris dans la carotide.

0 h. 00'. — Température rectale, 38°,7 ; — Pouls, 104 ; — Respiration, 19.

On prend 60^{cc} de sang, dont 10^{cc} sont examinés :

Volume total des gaz.	53^{cc}26
Acide carbonique. . .	34.42
Oxygène.	15.73
Azote.	3.11

0 h. 15'. — On retire 60^{cc} de sang de la carotide.

0 h. 25'. — Prise de 60^{cc}, dont 10^{cc} sont soumis à l'analyse :

Volume total des gaz.	55^{cc}85
Acide carbonique. . .	37.93
Oxygène.	14.81
Azote	3.11

0 h. 42'. — 4e prise de 60^{cc} de sang.

0 h. 55'. — 5e paire de 60^{cc} dont on analyse 10^{cc} :

Volume total des gaz.	53cc15
Acide carbonique. . .	39.49
Oxygène.	10.55
Azote	3.11

L'animal est resté 55 minutes sous l'influence du chloroforme qu'on renouvelait dès qu'il se plaignait ou effectuait quelques mouvements; 360 centimètres cubes de sang ont été pris, dans ce court espace de temps. On peut remarquer que le volume total des gaz est, à la fin de l'expérience, à peu près ce qu'il était au début; l'acide carbonique est un peu augmenté, sous l'influence de l'action prolongée du chloroforme, peut-être aussi à cause de la forme même de la boîte à chloroforme qui n'admet pas une quantité d'air suffisante; quoi qu'il en soit, le volume de l'azote est resté le même, malgré les variations du volume total et des proportions relatives entre l'oxygène et l'acide carbonique.

IIe EXPÉRIENCE.

7 avril. Chien à jeun, le même qui a servi le 4; bien que la plaie suppure à peine, l'état général est mauvais, l'appétit nul; il se couche à terre à chaque instant et paraît avoir beaucoup de peine à se tenir sur ses pattes. Injection morphinée de 0 gr. 15 (pas de vomissements). Poids, 12 k. 500.

On fait des prises successives de 25 centimètres cubes de sang, l'animal étant alternativement soumis à des inhalations chloroformiques, puis respirant à air libre.

0 h. 00′	1re prise de sang; T.R. 39°,1; P. 116; R. 32, l'animal respire librement.	Volume total des gaz.	47cc49
		Oxygène	11.56
		Acide carbonique . .	33.53
		Azote.	2.70
0 h. 15′	2e prise de sang; depuis 6′ l'animal est soumis aux inhalations chloroformiques	Volume total des gaz.	50cc55
		Oxygène	6.53
		Acide carbonique . .	41.32
		Azote.	2.70

0 h. 30′	3e prise de sang ; T,R. 38°,5; P. 114 ; R. 16, respiration à air libre.	Volume total des gaz.	48^{cc}88
		Oxygène	10.26
		Acide carbonique. . .	35.92
		Azote.	2.70
0 h. 50′	4e prise de sang; T. R. 37°,9 ; P. 76 ; R. 14, inhalation chloroformique.	Volume total des gaz.	57^{cc}18
		Oxygène	11.19
		Acide carbonique . .	43.29
		Azote.	2.70
1 h. 10′	5e prise de sang; T. R. 37°,6 ; P. 104 ; R. 16, respiration à air libre.	Volume total des gaz,	40^{cc}11
		Oxygène	9.98
		Acide carbonique . .	27.43
		Azote.	2.70
1 h. 30′	6e prise de sang; T. R. 37°,4; P. filiforme; R. 4, après 8′ d'inhalation.	Volume total des gaz.	38^{cc}42
		Oxygène	11.19
		Acide carbonique . .	24.53
		Azote.	2.70

Nous voyons ici le volume total des gaz descendre de 47 cc., 49 à 38 c.c., 42 à la fin de l'expérience, et nous notons parallèlement un abaissement de la température qui de 39°,1 passe à 3 7°,4 : cette dernière se maintient donc ici en rapport avec la quantité totale des gaz dissous dans le sang. Sous l'influence du chloroforme, l'acide carbonique est devenu plus abondant, et le volume total paraît s'être accru. Enfin, dans ces six expériences, faites dans des conditions physiologiques éminemment différentes (influence de l'hémorrhagie, du refroidissement, du chloroforme, etc.), le volume de l'azote est resté rigoureusement ce qu'il était au début, et cependant, au moment de la dernière prise, le sang venait difficilement, le pouls était très-faible, en un mot, l'animal était mourant.

A l'autopsie, le cœur et les muscles sont très-peu excitables.

IIIe Expérience.

12 avril. Chien de berger, bien portant. On injecte très-lentement pour éviter les accidents cardio-pulmonaires, 20 centimètres cubes d'une solution de chloral au 1/5 ; l'animal s'endort pendant l'injection qui dure 10 minutes. Sommeil très-profond, ronflement; anesthésie et résolution musculaire complète.

0 h. 00′	1re prise de sang 10^{cc}; T. 39°,5; P. 126 ; R. 12. immobilité absolue.	Volume total des gaz.	62^{cc}90
		Acide carbonique . .	44.13
		Oxygène	15^{cc}58
		Azote.	3.19
0 h. 57′	2e prise de 10^{cc} de sang : T. 38°,5 ; P. 121 ; R. 16 ; syncope, pendant une nouvelle injection de chloral.	Volume total des gaz.	44^{cc}12
		Acide carbonique . .	35.21
		Oxygène	5.91
		Azote.	3.00

Cette deuxième prise est faite quelques minutes avant la mort qui survient malgré l'emploi des courants induits et de la respiration artificielle. On examine le sang de la veine cave inférieure au niveau du foie, au moment où les battements du cœur s'éteignent :

1 h. 02′	3e prise de sang ; Veine cave inférieure.	Volume total des gaz.	32^{cc}73
		Acide carbonique . .	32.67
		Oxygène	traces
		Azote.	2.06

A l'autopsie, on note une vive congestion du lobe inférieur des poumons, qui présentent quelques ecchymoses sous-pleurales ; les tissus sont très-excitables.

Le volume total des gaz a suivi la même marche que la température ; quant à l'azote, son volume est resté à peu près constant, l'écart entre les deux premières analyses, ne dépassant pas 0 cc. 19, c'est-à-dire un peu plus d'un dixième de centimètre cube pour 100 cc. de sang. Nous ne parlons pas de la dernière prise qui porte sur le sang veineux et au moment de la mort.

IVe Expérience.

11 avril. Chien de chasse, en digestion. Pour se soustraire aux modifications du nombre et de l'amplitude des mouvements respiratoires, on curarise l'animal qu'on soumet ensuite à la respiration artificielle. La première injection, de 0 gr. 0,25 de curare, détermine au bout de quelques minutes des frissons et de l'anxiété; une seconde injection n'amène qu'une paralysie incomplète, après une accélération passagère de la respiration. Lorsque la parésie est assez prononcée, on pratique la trachéotomie et on commence immédiatement la respiration artificielle, à raison de 27 insufflations d'air par minute.

La paralysie n'est pas absolument complète, malgré une dernière injection, ce qui tient probablement à ce que la solution de curare était en partie altérée.

Les prises de sang successives sont de 10 centimètres cubes.

L'animal est sacrifié à la fin des expériences, par arrêt de la machine à respiration.

0 h. 00′	1re prise de sang. T. R. 37°,8; P. 142.	Volume total des gaz.	55cc39
		Acide carbonique . .	32.86
		Oxygène	20.75
		Azote.	1.78
0 h. 45′	2e prise de sang. T. R. 37°,0; P. 146.	Volume total des gaz	52cc03
		Acide carbonique . .	29.10
		Oxygène	22.06
		Azote.	1.87
1 h. 10′	3e prise de sang. T. R. 36°,5; P. 176, au moment où commence l'inhalation chloroformique.	Volume total des gaz.	50cc69
		Acide carbonique . .	26.29
		Oxygène	22.53
		Azote.	1.87
1 h. 48′	4e prise de sang. T. R. 36°,0 après 5′ de chloroformisation.	Volume total des gaz.	53cc04
		Acide carbonique . .	28.17
		Oxygène	21.87
		Azote.	3.00
2 h. 18′	5e prise de sang. T. R, 35°,0; P. 148 après 10′ de chloroformisation.	Volume total des gaz.	53cc51
		Acide carbonique . .	29 01
		Oxygène	22.72
		Azote.	1.78

De temps en temps, surviennent des secousses dans les membres antérieurs et dans le cou.

2 h. 58′	6° prise de sang. T. R. 35°,0; P. 159. Plus de chloroforme depuis 20 minutes.	Volume total des gaz.	43cc27
		Acide carbonique . .	20.56
		Oxygène	20.93
		Azote.	1.78

Le volume total est encore ici en rapport avec la marche de la température, de 55 cc. 39, il descend à 43 cc. 27, le thermomètre baissant simultanément de 37°,8 à 35°,0. On doit noter en outre que la respiration s'effectuait, durant ces recherches, avec la plus grande régularité.

La quantité de gaz carbonique s'est légèrement accrue après quelques minutes de chloroformisation, sans qu'on puisse attribuer ce phénomène à un spasme momentané de la glotte ou à la pénétration d'une trop faible quantité d'air dans les poumons : au moment même de l'inhalation, rien de particulier. Enfin, l'azote ne présente que des variations excessivement faibles, 0 cc. 09, à l'exception d'un cas : nous ne croyons pas pouvoir expliquer cette anomalie par une rentrée d'air, les expériences suivantes concordant parfaitement avec les précédentes ; nous nous bornerons à constater le fait.

V° Expérience.

18 avril. Chien mâtiné, bien portant, en digestion. L'animal est si vigoureux qu'on est obligé de lui faire respirer du chloroforme pour pouvoir l'attacher sur la gouttière. On met alors la veine crurale droite à nu, et on injecte lentement 2 gr. de chloral dans 20cc d'eau. Pas d'accidents, sommeil très-profond, ronflement. T. R. 39°,8 ; R. 17. L'animal s'étant éveillé 50′ plus tard, on réinjecte 2 gr. de chloral ; enfin, 18′ avant la dernière prise de sang on introduit encore dans la veine crurale 7cc de la solution. Les prises de sang sont de 10cc.

0 h. 20′	après la 2° injection. 1re prise de sang. T. R. 37°,2 ; P. 118 ; R. 19.	Volume total des gaz.	53cc06
		Acide carbonique . .	42.09
		Oxygène	9.33
		Azote.	1.64
0 h. 35′	2e prise de sang. T. R. 36°,2 ; P. 113 ; R. 16.	Volume total des gaz.	56cc07
		Acide carbonique . .	37.78
		Oxygène	16.65
		Azote.	1.64
0 h. 56′	3e prise de sang. T. 36°,0 ; P. 140 ; R. 20.	Volume total des gaz.	60cc01
		Acide carbonique . .	39.89
		Oxygène	18.48
		Azote.	1.64
1 h. 45′	4e prise de sang. T. R. 36°,0.	Volume total des gaz.	58cc55
		Acide carbonique . .	38.43
		Oxygène	18.48
		Azote.	1.64

Ayant eu l'occasion d'examiner un échantillon de 7cc,5 de bile, recueillie sur l'animal vivant, nous transcrivons le résultat de cette analyse que nous croyons nouvelle, et qui peut jeter quelque lumière sur l'élimination de l'azote.

100cc de bile renferment :	Volume total des gaz. .	14cc38
	Acide carbonique . . .	4.03
	Oxygène	1.22
	Azote (?).	9.13

L'animal n'a perdu que 40 cc. de sang et est resté seulement 1 h. 45 m. en expérience ; la température n'a guère varié que d'un degré, et le volume des gaz oscille entre 53 cc. et 60 cc., sans qu'on puisse rattacher ces variations aux contractions musculaires; aux modifications de la respiration ou à celles du pouls. L'azote seul a conservé rigoureusement son volume.

VIe Expérience.

17 novembre. Chien à jeun depuis 22 heures. Poids 14 k. 79. Temp. rectale, 39°,0.

L'animal est malade et mange très-peu depuis quelque temps. Le sang artériel pris dans la carotide, renferme :

Volume total des gaz.	40cc75
Acide carbonique......	27.16
Oxygène..............	10.57
Azote.................	3.02

VIIe Expérience.

25 avril. Chien malade; à jeun depuis neuf jours pendant lesquels il n'a mangé que deux fois très-peu de pain. L'animal est d'une maigreur excessive, triste, l'œil brillant, difficile à approcher : au moment où on le saisit, éclate une série d'accidents qui font songer à la rage : la gueule est couverte d'une écume sanguinolente, les yeux sont saillants, la voix rauque, puis des convulsions d'une violence prodigieuse complètent cet ensemble. On prend le sang dans l'artère crurale :

Volume total des gaz.	51cc17
Acide carbonique. . .	30.86
Oxygène.	18.06
Azote	2.25

VIIe Expérience.

3 avril. Chien en digestion. Poids, 15 k. 00, T. R. 39°,8. L'animal a déjà servi 3 jours avant et est très-abattu ; vomissements, diarrhée, etc. On lui injecte 0 gr. 20 de chlorhydrate de morphine ; au moment où on lui fait respirer le chloroforme, la respiration cesse et ne reprend que lorsqu'on a ôté la muselière, et avec une lenteur extrême (5 mouvements par minute) : on fait une prise de sang artériel qui est noirâtre ; l'animal ne succombe que 25' plus tard aux progrès de l'asphyxie.

Volume total des gaz.	64cc70
Acide carbonique. . .	59.56
Oxygène	0.40
Azote	2.18

Les trois dernières expériences que nous venons de citer ont été faites, dans un autre ordre d'idées, les VIe et VIIe sur des animaux à jeun, dans le but d'étudier les modifications produites par le jeûne, dans le rapport entre l'acide carbonique et l'oxygène. Elles présentent des résultats à peu près négatifs, si nous les comparons aux moyennes indiquées dans nos premiers chapitres.

Quant à l'expérience VIII, nous ne la rappelons que pour indiquer la possibilité de la persistance des phénomènes vitaux, dans certains cas, alors même que le sang artériel ne renferme plus qu'une quantité excessivement faible d'oxygène.

Si nous cherchons à résumer ces quelques analyses, nous y remarquerons un certain nombre de points communs, que nous allons mettre en relief sous forme de conclusion, non pas que nous ayons la prétention de leur donner l'aspect de faits absolus, nécessaires, qu'ils n'ont pas, mais simplement pour indiquer des phénomènes jusqu'ici peu connus, et dont l'étude, dirigée dans le sens que nous présentons, pourra ne pas être stérile.

CONCLUSIONS.

1° Le volume de l'azote du sang est à peu près rigoureusement constant, quelles que soient d'ailleurs les variations de volume des autres gaz, et ne paraît modifié par aucune des causes qui influent si énergiquement sur les proportions relatives de l'oxygène et de l'acide carbonique.

2° L'azote ne paraît subir dans l'économie aucune modification chimique ; emprunté à l'atmosphère, il subit exactement les lois de Dalton sur la solubilité des gaz dans les liquides.

3° Certaines membranes, comme la muqueuse des voies biliaires ou la muqueuse intestinale, empruntent au sang une quantité notable d'azote, ce qui explique la diminution qu'on observe dans le sang veineux.

4° Grâce à la fixité du volume de ce gaz, on pourrait le prendre comme critérium de toute série d'expériences faites le même jour et sur le même animal.

5° Le volume total des gaz du sang, c'est-à-dire la somme des volumes de l'oxygène, de l'acide carbonique et de l'azote, subit des oscillations qui sont en rapport avec la chaleur propre : il augmente ou diminue parallèlement à cette dernière.

6° Ces modifications portent principalement sur l'acide carbonique, l'oxygène ne diminuant pas proportionnellement à ce dernier.

7° Lorsqu'un animal a subi une faible hémorrhagie,

ou lorsque les prises de sang se sont succédées à court intervalle, le volume des gaz reste sensiblement ce qu'il était au début, et les résultats sont comparables.

8° L'hémorrhagie, et surtout l'immobilité prolongée, déterminant un rapide abaissement de température, et partant une diminution notable du volume des gaz du sang, on doit donc réduire le plus possible la quantité de sang nécessaire à chaque analyse, et effectuer ces recherches très-rapidement.

9° Le chloroforme produit toujours, indépendamment des phénomènes asphyxiques accidentels, dus à son action irritante sur les voies aériennes, une légère augmentation de l'acide carbonique,—qu'on ne peut attribuer au ralentissement de la respiration. — Aussi est-il indispensable, lorsqu'on examine le sang des animaux chloroformés, de s'assurer du libre accès de l'air dans les poumons, et de ne pas tenir compte d'une augmentation peu prononcée dans le volume de l'acide carbonique.

10° La facilité avec laquelle les bicarbonates alcalins se décomposent sous l'influence d'un courant d'air nous porte à croire que ce dédoublement joue un rôle plus important qu'on ne l'avait jusqu'ici soupçonné dans l'élimination de l'acide carbonique du sang par les voies respiratoires. C'est, en outre, un argument sérieux contre la théorie qui fait intervenir dans le poumon un principe acide, dont l'existence n'a jamais été constatée directement, et dont il est difficile de concevoir la formation au milieu d'un liquide alcalin comme le sang.

INDEX BIBLIOGRAPHIQUE

Nous n'indiquerons les diverses ouvrages ayant trait à l'étude des gaz du sang qu'à partir de Magnus, c'est-à-dire à partir du moment où ces travaux prennent un caractère vraiment scientifique.

MAGNUS.—Recherches sur les gaz du sang (*Ann. de phys. et de chimie*), 2e série, t. VIII, p. 79. Paris, 1837.

ANDRAL et GAVARRET. — (*Ann. de phys. et de chimie*), 3e série, t. VIII, p. 129. Paris, 1843.

FIGUIER. — Sur une nouvelle méthode pour l'analyse du sang, etc. (*Ann. de phys. et de chimie*), 3e série, t. XI, 1844.

CL. BERNARD. — Leçons sur les effets des substances toxiques et médicamenteuses, pag. 116, 179 et suiv. Paris, 1857.

— Leçons sur le système nerveux, t. I, pag. 267 et 275. Paris, 1858.

LOTHAR MEYER. — Cité par Longet, Traité de physiologie, t. I, p. 595 et 704. 1869, Die Gaze des Blutes, 1857.

CL. BERNARD. — Leçons sur les propriétés phys. et les altérations path. des liquides de l'organisme. T. I, pp, 167, 354 et 365; t. II, p. 427, Paris, 1859.

FERNET. — Rôle des éléments du sang dans la respiration (*Journal de physiologie*), t. VIII, p. 177, Paris, 1860,

NAWROCKI. — De Cl. Bern. methodo, etc. (Diss inaug. Breslau). 1863.

QUINQUAUD.—De l'absorption de l'oxygène par l'hémoglobine (Comptes rendus de l'Académie des sciences, 1873).

LUDWIG. — Uber Blutgaze. Wien 1865, cité par Mathieu et Urbain. On trouve dans ce mémoire un résumé des travaux de Setchenow, Schoeffer, etc.

BÉCLARD. — Traité de physiologie, pag. 143 et 393. Paris, 1866.

CH. ROBIN. Leçons sur les humeurs. p. 41. Paris, 1866.

P. BERT. Leçons sur la physiologie comparée de la respiration, p. 137 et 139, 127. Paris, 1870.

N. GRÉHANT. — Recherches physiologiques sur la respiration (*Journal d'anatomie et de physiologie*), t. I, p. 542. Paris, 1864.

L même : Leçons orales, professées à l'Ecole pratique, 1870-1871.

URBAIN et MATHIEU. — Des gaz du sang (*Archiv. de physiol.* de Brown-Séquard, Vulpian et Charcot), p. 5. 190, 304, 447, 573 et 710. Paris, 1872.

RITTER. — Manuel de chimie pratique, p. 320 et 345. Paris, 1874.

P. BERT. — Recherches sur l'influence des modifications dans la pression barométrique sur les phénomènes de la vie, p. 47, 135 et 144. Paris, 1874.

LÉGEROT. — Thèse de doctorat, Paris, 1874.

CL. BERNARD.—Leçons sur les anesthésiques et sur l'asphyxie, p. 140 et 393. 1875.

TABLE DES MATIÈRES

Paris. — A. PARENT, imprimeur de la Faculté de Médecine, rue M.-le-Prince, 29-31.

www.ingramcontent.com/pod-product-compliance
Ingram Content Group UK Ltd.
Pitfield, Milton Keynes, MK11 3LW, UK
UKHW031955260826
14628UKWH00005B/2064

9 782019 636227